My
Notebook

Theme:

____

Period of time:

____

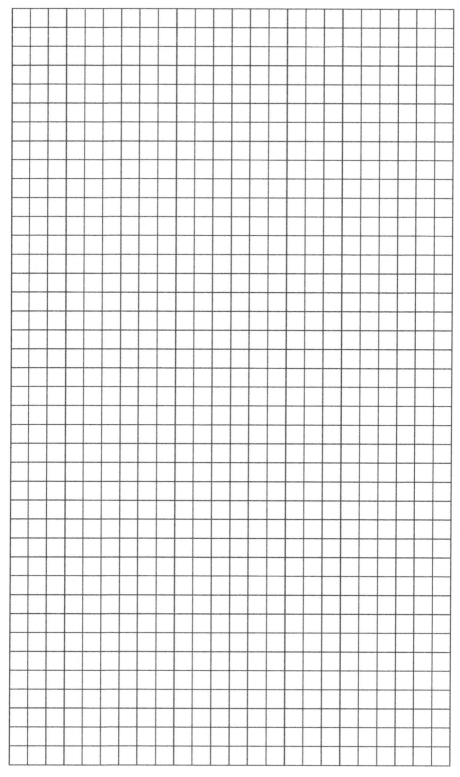

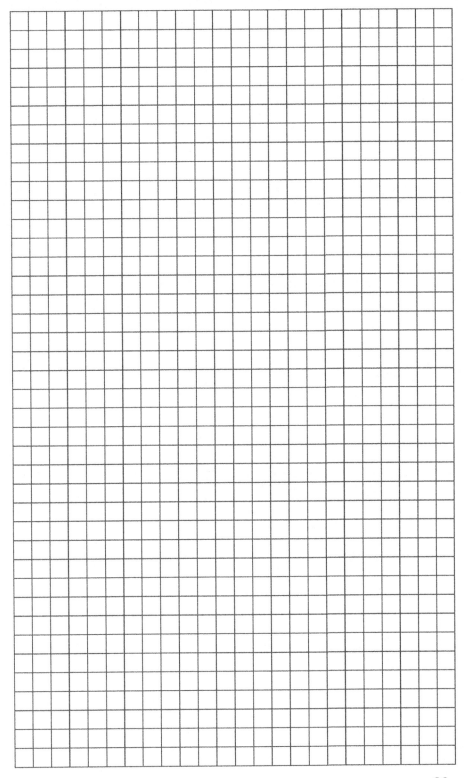

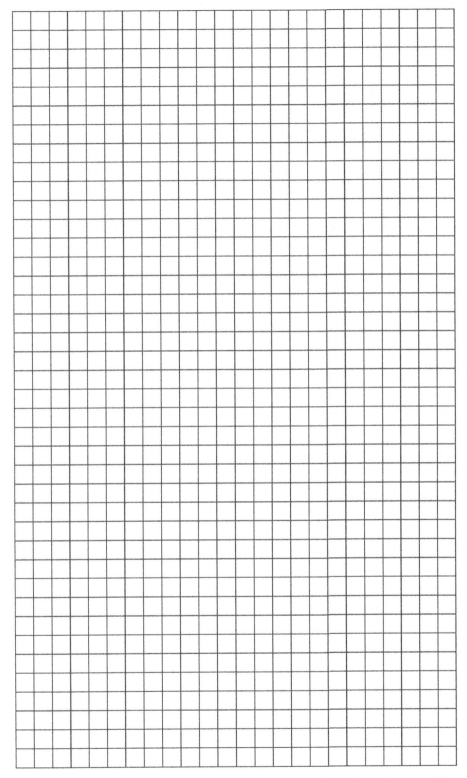

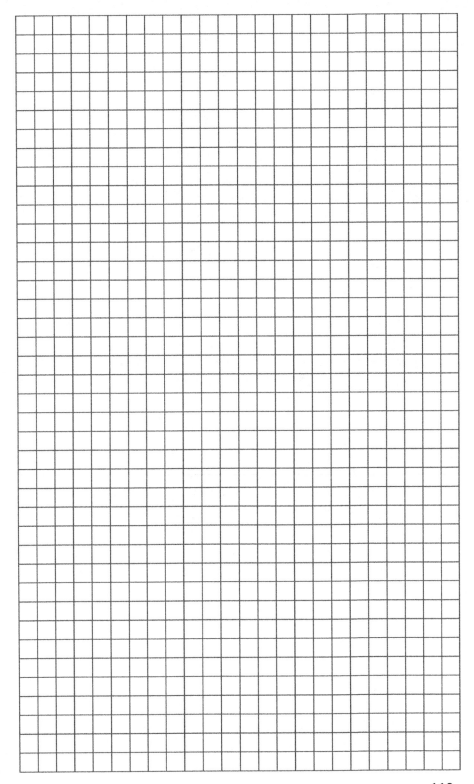

IMPRINT

Contact:
E-Mail: TD.Publishing@web.de

Cover, translation and design by Marvin Poppe, Seelze, Germany.

Made in the USA
Monee, IL
29 June 2021

72529548R00069